CANCER DE MAMA
EN PRIMIPARAS AÑOSAS

Cáncer de mama en primíparas añosas

© José Luis Sánchez Vega, Daniel Rastrollo Collantes, Aída Medina Garrido.

© www.lulu.com

ISBN: 978-1-291-06100-0

Publicación 2ª edición: 2 de Mayo de 2013

INDICE.

I. INTRODUCCIÓN.

- Titulo.
- Objetivo.
- Limitaciones.

II. MARCO DE REFERENCIA.

- Fundamentos teóricos y antecedentes teóricos.

1. ¿Qué es una hormona?

2. Las hormonas ováricas o estrógenos.

    2.1. Efecto de los estrógenos sobre las mamas.

    2.2. Estrógenos durante el embarazo.

    2.3 Lugares de producción de estrógenos durante el embarazo.

    2.4 Biosíntesis de estrógenos durante el embarazo.

3. Carcinoma de mama.

    3.1 Etimología.

    3.2 Clasificación.

4. Oncogénesis.

    4.1 BRCA1, BRCA2 Y HER-2/NEV.

    4.2 Gen supresor tumoral PS3.

5. Otros factores biológicos.

    5.1 Catepsina D.

5.2 Proteína regulada por estrógenos.

5.3 Factores de riesgo asociado.

· Historia familiar.

· Historia personal.

- Hipótesis.
- Variables.

III. METODOLOGÍA.

- Diseño de recolección de información.

1. Anamnesis.

    1.1 Factores hormonales y endocrinos.
    1.2 Factores ambientales.

2. Signos.

3. Examen físico.

4. Diagnóstico por imagen.

    4.1 Mamografías.

    4.2 Ecografías.

    4.3 Resonancia magnética.

-
- Población y muestra.
- Técnica de análisis.
- Guía de trabajo.

IV. ASPECTOS ADMINISTRATIVOS.

- Recursos Humanos.
- Cronograma.
- Bibliografía.

I.- TITULO

El cáncer de mama en las mujeres primíparas añosas

El incremento del cáncer de mama en mujeres primíparas añosas con edades comprendidas entre los 35 y 40 años.

El cáncer de mama es la neoplasia maligna mas frecuente en la mujer y el tumor que mayor número de muertes produce en la mujer en nuestro país. Supone el 18.2% de las muertes por cáncer en la mujer y la primera causa de muerte en mujeres entre 40 y 55 años. Su incidencia está en aumento sobre todo en los países desarrollados (NCCN, 2007). A pesar de que aumenta la incidencia la tasa de mortalidad ha disminuido en los últimos años, estos beneficios se atribuyen a los programas de detección precoz y a los avances en el tratamiento sistémico (Levi F, 2005).

Una de cada diez mujeres sufrirá cáncer de mama a lo largo de su vida. Un 1% de cánceres de mama se presenta en varones. La supervivencia media estandarizada según la edad en Europa es del 93% a un año y de 73% a cinco años.

OBJETIVO

El objetivo de esta investigación es como se viene dando el problema social en el cual la mujer actualmente cada vez retrasa más el primer embarazo, trae consigo que los riesgo de padecer cáncer de mama puede incrementarse debido a que el incremento y desarrollo del embarazo se hace en edades cada vez más tardías con la consiguiente problemática de que el cuerpo de la mujer puede no estar tan bien adaptado a esas edades para satisfacer todos los cambios que incluyen un embarazo en el cuerpo.

JUSTIFICACIÓN

Las hormonas desempeñan un papel fundamental en la etiología del cáncer de mama; se postula que la exposición a altos niveles hormonales, como ocurre en el embarazo, puede afectar al tejido mamario y aumentar el riesgo de malignidad, en particular en mujeres que tienen su primer embarazo después de los 35 años.

LIMITACIONES

Las limitaciones del estudio son que no todas las mujeres de la población de entre 35 y 40 años van a ser controladas por un mismo sistema sanitario o por la misma persona o si en realidad como en algunos tipos de grupos sociales ni siquiera van a ser atendidas por el sistema sanitario con sus siguientes controles y también podemos incluir el abandono del proyecto de las mujeres una vez concluido la gestación.

II.- MARCO DE REFERENCIA

FUNDAMENTOS TEÓRICOS Y ANTECEDENTES TEORICOS

Todas las funciones del organismo se encuentran reguladas por dos sistemas de control fundamentales:

- El nervioso

- El hormonal o sistema endocrino.

El sistema hormonal se relaciona con las diversas funciones metabólicas del organismo, como es la intensidad de las reacciones químicas celulares, el transporte de sustancias son a través de las membranas y otros aspectos del mecanismo celular, como el crecimiento y la secreción. Algunos efectos hormonales se producen en segundos, mientras que otros requieren varios días para iniciarse y luego persisten durante semanas, meses e incluso años.

Existen múltiples interrelaciones entre estos sistemas reguladores. Por ejemplo, al menos dos glándulas endocrinas, la médula suprarrenal y la hipófisis posterior, secretan sus hormonas sólo como respuesta a estímulos nerviosos. A sí mismo, las diferentes hormonas hipofisarias controlan el funcionamiento de gran parte de las glándulas endocrinas. Existen diferentes tipos de hormonas, las de acción local y de acción general. Las locales incluyen la acetilcolina, que se libera en las terminaciones nerviosas parasimpáticas y del músculo estriado; la secretina, producida en la pared duodenal y transportada por la sangre al páncreas, donde estimula la producción de una secreción pancreática acuosa; la colecistocinina, que se libera en el intestino delgado y es transportada a la vesícula para producir contracción y al páncreas, para producir secreción enzimática, y muchas otras. La mayor parte de las hormonas de acción general son secretadas por glándulas endocrinas específicas. Dos ejemplos características, son la adrenalina y la noradrenalina, ambas secretadas por la médula suprarrenal como reacción a la estimulación simpática. Estas hormonas liberadas a la circulación general, llegan a todos los tejidos del organismo produciendo reacciones muy diferentes, en especial contracción de los vasos sanguíneos y elevación de la presión arterial.

Algunas de las hormonas generales afectan todas o casi todas las células del organismo. Así, la hormona de crecimiento de la hipófisis anterior hace crecer todas o casi todas las partes del cuerpo y las hormonas tiroideas, producidas en la glándula del mismo nombre, incrementan la magnitud de la mayor parte de las reacciones químicas en casi todas las células corporales. Sin embargo, otras hormonas afectan sólo a tejidos determinados, que se llaman tejidos blanco, ya que sólo ellos tienen los receptores específicos para fijar las hormonas respectivas e iniciar sus acciones. Por ejemplo, la adrenocorticotropina de la hipófisis anterior estimula de manera específica la corteza suprarrenal y la hace secretar las hormonas corticosuprarrenales; por su parte, las hormonas ováricas tienen efectos específicos sobre los órganos sexuales femeninos y sobre los caracteres sexuales secundarios del cuerpo de la mujer.

1. ¿QUÉ ES UNA HORMONA?

Una hormona es una sustancia química secretada en los líquidos corporales por un grupo

de células que ejerce un efecto fisiológico sobre él control de otras células de la economía corporal.
2. LAS HORMONAS OVÁRICAS O ESTRÓGENOS.

En condiciones normales el ovario es el principal origen de los estrógenos, ya que la conversión de los precursores de andrógenos en otros tejidos, es clínicamente importante después de la menopausia y en algunas mujeres con trastornos de la función ovárica.

Hay dos tipos de hormona sexuales femeninas los estrógenos y la progesterona. Los estrógenos provocan principalmente proliferación de células específicas en el cuerpo, son causa de crecimiento de la mayor parte de caracteres sexuales secundarios en la mujer. La progesterona se relaciona casi totalmente con la preparación del útero para el embarazo, o de las mamas para la lactancia.
El ovario también produce relaxina, inhibina, activinas y agentes locales activos como la folistatina y las prostaglandinas.

La mujer normal (no embarazada) secreta estrógenos en cantidades importantes solamente por los ovarios, y cantidades mínimas por las cortezas suprarrenales. Durante el embarazo también se secreta cantidades enormes por medio de la placenta, hasta 50 veces la cantidad secretada por los ovarios durante un ciclo normal.

Se han aislado del plasma sanguíneo de la mujer hasta seis estrógenos naturales, pero solo tres en cantidades notables: B-estradiol, estrona y estriol, cuyas fórmulas se indican en las siguientes figuras.

Imagen No.1 tomada del libro: Tratado de Fisiología Médica; Guyton, Arthur C.; Editorial Interamericana, Octava Edición; p.p. 945. México 1994.

Tanto B-estradiol y estrona se hallan en grandes cantidades en la sangre venosa de los ovarios; el estriol es un producto de oxidación proveniente de las dos primeras. La conversión tiene lugar principalmente en el hígado, pero también, en otras partes del cuerpo.

Los estrógenos se requieren para la maduración normal de la mujer. Estimulan la maduración de la vagina, el útero y las trompas uterinas en la pubertad, así como las características sexuales secundarias, inducen el desarrollo estrómico y el crecimiento de los conductos en la mama, causan la fase de crecimiento acelerado y el cierre de las epífisis de los huesos largos que se presenta en la pubertad, alteran la distribución de la grasa corporal para producir el contorno típico del cuerpo femenino (acumulación de grasa alrededor de las caderas y mamas). Altas cantidades estimulan el desarrollo de pigmentación en piel, principalmente en las regiones de pezones, areolas y genitales.

Los estrógenos tienen una función importante en el desarrollo del recubrimiento endometrial. La exposición continua a estrógenos durante periodos prolongados, provoca hiperplasia anormal del endometrio que suele relacionarse con sangrados anormales. Cuando la producción de estrógeno está coordinada con la producción de progesterona durante el ciclo menstrual, se presentan periodos regulares de sangrado y eliminación del recubrimiento endometrial.

Los estrógenos, parecen provocar en parte el mantenimiento de la estructura normal de la piel y vasos sanguíneos en mujeres, disminuyen el índice de resorción de hueso al antagonizar el efecto de la hormona paratiroidea (PTH); pero no estimulan la formación de dicho hueso, tienen efectos importantes en la absorción intestinal, ya que reducen la movilidad de este órgano. Además de estimular la síntesis de enzimas que causan crecimiento uterino, alteran la producción y actividad de muchas otras enzimas en el cuerpo, aumentan la síntesis de proteínas de fijación y transporte en el hígado, incluso para el estrógeno, testosterona y tiroxina. Los estrógenos pueden incrementar la coagulabilidad de la sangre. Se ha informado sobre cambios en los factores que influyen en la coagulación, incluso el aumento de los valores circulantes de los factores ll, VII, IX y X, y la disminución de los valores de antitrombina III, hay informes sobre aumento de valores de plasminógeno y disminución de adhesividad de las plaquetas.

Disminuyen la oxidación a cetonas de los lípidos del tejido adiposo e incrementan la síntesis de triacilgliceroles. Las alteraciones en la composición de los lípidos del plasma provocados por estrógenos incluyen: aumento en las lipoproteínas de alta densidad (HDL, del inglés high density lipoprotein), discreta reducción en las lipoproteínas de baja densidad (LDL, del inglés low density lipoprotein) y reducción en los valores de colesterol plasmático. Aumentan los valores de triacilgliceroles plasmáticos lo mismo que los depósitos de grasas. Influyen en la libido en humanos, facilitan la pérdida del líquido intravascular hacia el espacio extracelular, lo cual produce edema. También modulan el control por el sistema nervioso simpático, de la función de músculo liso.

2.1 EFECTO DE LOS ESTRÓGENOS SOBRE LAS MAMAS

Los primordios de las mamas en ambos sexos son exactamente iguales; bajo la influencia de las hormonas apropiadas, la glándula mamaria del hombre, durante los primeros veinte años, puede alcanzar un desarrollo suficiente para producir leche, de la misma manera que la mama de la mujer.

Los estrógenos provocan en las mamas depósitos de grasa, desarrollo del estroma y crecimiento de un amplio sistema de conductos. Los lobulillos y los alvéolos de la mama se desarrollan en grado ligero, pero son la progesterona y la prolactina las que estimulan el crecimiento y función de estas estructuras. En resumen, los estrógenos estimulan el desarrollo de las mamas y el aparato productor de leche; también son causa de la aparición de las características de la mama femenina madura, pero no completan el trabajo de convertir las mamas en órganos productores de leche.

2.2 ESTRÓGENOS DURANTE EL EMBARAZO

Durante el embarazo se producen cantidades crecientes de estrógenos en la unidad fetoplacentaria. Diczfalusy fue quien propuso originalmente la idea de que el feto y la placenta intervienen en la biosíntesis de estrógenos, desarrollando el concepto de la unidad fetoplacentaria como un sistema integrado de producción esteroide. La función fisiológica de los estrógenos durante el embarazo se conoce en forma incompleta. Por lo general se cree que son necesarios para el mantenimiento de la gestación, pero se desconoce la acción específica de estas hormonas sobre el útero y el crecimiento del feto. Se ha demostrado la existencia de más de 20 estrógenos en la orina y el plasma de mujeres embarazadas. Todos ellos son esteroides fenólicos con un anillo aromático A y 18 átomos de carbono.

2.3 LUGARES DE PRODUCCION DE ESTRÓGENOS DURANTE EL EMBARAZO

Se ha establecido que la unidad fetoplacentaria es la principal fuente de estrógenos en el curso de la gestación normal. Las pruebas se basan en la presencia de cantidades considerables de estrógeno en la sangre del cordón umbilical, el hígado y las glándulas suprarrenales del feto y la placenta.

2.4 BIOSINTESIS DE ESTROGENOS DURANTE EL EMBARAZO

No existen pruebas claras respecto a los factores que regulan la liberación y producción de estrógenos en la unidad fetoplacentaria. Las hormonas tróficas parecen tener un efecto estimulante limitado sobre la síntesis de esteroides en dicha unidad. Se ha observado que la gonadotropina coriónica estimula la conversión de la testosterona en estrona y estradiol in vitro, y se ha sugerido que regula la aromatización placentaria de los esteroides. Algunas pruebas sugieren que la pregnenolona es el principal precursor de la progesterona y de los estrógenos durante el embarazo, tanto el feto como la placenta participan en esta síntesis.

3. CARCINOMA DE MAMA

Etimología

El nombre de carcinoma hace referencia a la naturaleza epitelial de las células que se convierten en malignas. En realidad, en sentido estricto, los llamados carcinomas de mama son adenocarcinomas, ya que derivan de células de estirpe glandular (de glándulas de secreción externa). Sin embargo, las glándulas de secreción externa derivan de células de estirpe epitelial, de manera que el nombre de carcinoma que se aplica estos tumores suele aceptarse como correcto aunque no sea exacto. En casos verdaderamente raros hay cánceres escamosos de mama que podrían ser llamados más precisamente carcinomas. Estos tumores escamosos, verdaderos carcinomas estrictos, son consecuencia de la metaplasia de células de origen glandular.

Existen tumores malignos de mama que no son de estirpe glandular ni epitelial. Estos tumores, poco frecuentes, reciben otros nombres genéricos diferentes. Los sarcomas son producto de la transformación maligna de células del tejido conectivo de la mama. Los linfomas derivan de los linfocitos, un tipo de glóbulos blancos que procede de los ganglios linfáticos. En general, los linfomas no son tumores raros, pero es raro que un linfoma tenga su lugar de origen en una mama y no en otras regiones del organismo.

Clasificación

Subtipos (anatomía patológica) de cáncer de mama Subtipo histológico Frecuencia (%)

- Fibroadenoma (benigno) 7-12%

- Tumor filoide (maligno) 0.5-2%
- Sarcoma Angiosarcoma <0.1%

- Rabdomiosarcoma Raro

- Leiomiosarcoma Raro

- Condrosarcoma Raro

- Osteosarcoma Raro

- Tumores epiteliales

- (benignos) Papiloma intraductal 0.4%

- Adenoma del pezón Raro

- Papilomatosis del pezón (benigno) Raro

- Carcinoma invasivo

- (malignos) Carcinoma ductal infiltrante 80%

- Carcinoma lobular invasivo 10%

- Carcinoma medular 5%

- Carcinoma mucinoso o coloide 2%

- Carcinoma papilar infiltrante 2%

- Carcinoma tubular 2%

- Carcinoma ductal in situ (<5%)

- Comedocarcinoma

- Tipo sólido

- Tipo cribriforme
- Tipo micropapilar
- Carcinoma papilar in situ
- Enfermedad de Paget de seno
- Carcinoma ductal in situ microinvasivo
- Carcinoma lobular 'in situ'

4. ONCOGÉNES

Los oncogenes son genes que regulan el crecimiento y el desarrollo celular normal. Cuando un oncogén está alterado o sobreexpresado, como consecuencia de una mutación o de una alteración del control externo, la célula en al que se produce esta alteración puede sufrir un crecimiento descontrolado y finalmente convertirse en maligna. Así, la mayor parte de los oncogenes son formas mutadas (activadas) de genes normales (denominados "protooncogenes"), los cuales participan en el control de la proliferación y de la diferenciación celular. Así pues, las mutaciones somáticas que dan lugar a la aparición de oncogenes son de carácter dominante, dando que una única copia de un gen mutado origina alteraciones del comportamiento celular.

Aproximadamente 5% de las pacientes con cáncer de mama «heredan» una forma peculiar de genes que le hacen susceptibles a la enfermedad. Aunque es más frecuente que sean factores externos los que predisponen a una mujer al cáncer de mama, un pequeño porcentaje conlleva una predisposición hereditaria a la enfermedad.

4.1 BRCA1, BRCA2 y HER-2/NEU

Dos genes, el BRCA1 y el BRCA2, han sido relacionados con una forma familiar rara de cáncer de mama. Las mujeres cuyas familias poseen mutaciones en estos genes tienen un riesgo mayor de desarrollar cáncer de mama. No todas las personas que heredan mutaciones en estos genes desarrollarán cáncer de mama.

Conjuntamente con la mutación del oncogén p53 característica del síndrome de Li-Fraumeni, estas mutaciones determinarían aproximadamente el 5% de todos los casos de cáncer de mama, sugiriendo que el resto de los casos son esporádicos. Recientemente se ha encontrado que cuando el gen BRCA1 aparece combinado con el gen BRCA2 en una misma persona, incrementa su riesgo de cáncer de mama hasta en un 87%.

Otros cambios genéticos que aumentan el riesgo del cáncer de mama incluyen mutaciones del gen PTEN (síndrome de Cowden), STK11 (síndrome de Peutz-Jeghers) y CDH1 (Cadherina-E); su frecuencia y aumento del riesgo para el cáncer de mama aún no se conoce con exactitud. En más del 50% de los casos se desconoce el gen asociado al cáncer de mama heredado.

El gen HER-2/neu, también conocido como e-erbB-2, codifica una proteína conocida como p185. Aproximadamente un tercio de los cánceres de mama presentan niveles aumentados de la proteína p 185, la cual exhibe una secuencia y una estructura completamente normales (Marks, 1994). El oncogén HER-2/neu se expresa preferentemente en el carcinoma ductal, ductal infiltrante asociado a carcinoma in situ (no invasivo) y el invasivo, este gen puede desempeñar un papel importante en la iniciación de los tumores mamarios, favoreciendo la proliferación clonal de células fenotípicamente malignas. Así, se observa amplificación del oncogén HER-2/neu en casi todos los casos de carcinoma ductal in situ de alto grado.

4.2 GEN SUPRESOR TUMORAL P53

Los genes supresores tumorales o antioncogenes, son más frecuentes que los oncogenes en la mayoría de los cánceres en seres humanos (Knudsen 1993). Los genes supresores tumorales actúan como reguladores negativos del crecimiento celular, bloqueando el crecimiento celular anormal y la transformación maligna. Así pues, la inactivación de estos genes origina la progresión tumoral, siendo necesario que dicha inactivación se produzca en ambos alelos del antioncogén. Por tanto, las mutaciones en los genes supresores tumorales son de carácter recesivo. Ello implica que la presencia de una única copia génica normal es generalmente suficiente para proporcionar una función génica adecuada, siendo necesaria la presencia de dos mutaciones, una en cada uno de los dos alelos del gen, para alterar la función de éste. Las mutaciones en el gen supresor tumoral p53 permiten a las células tumorales crecer de forma descontrolada, produciendo altos niveles de inestabilidad génica que facilitan, a su vez, la aparición de mutaciones en otros genes (Levine 1994).

La proteína p53 normal parece actuar como un factor de trascripción, activando la transcripción de genes que inhiben el crecimiento celular y favorecen la muerte celular programada o apoptosis. Así mismo, también parece desempeñan papel de regulación del ciclo celular, especialmente durante la transición de la fase G1 a la fase S y como respuesta a lesiones en el ADN. Por tanto, la proteína p53 sufre un marcado incremento tras la exposición a agentes que lesionan el ADN, como las radiaciones ultravioletas o gamma o los agentes químicos que reaccionan con el ADN. Dicho incremento es debido a un aumento de la estabilidad de la proteína p53 y evita el inicio de la fase S del ciclo celular cuando se produce una lesión del ADN. El cambio de conformación de la proteína como resultado de una mutación en el gen p53 puede ocasionar la alteración l el bloqueo de estas funciones, y quizá la aparición de otras nuevas.

5. OTROS FACTORES BIOLÓGICOS

5.1 CATEPSINA D

La catepsina D es una enzima lisosomal cuya síntesis es inducida por los estrógenos: también se han sugerido su intervención en la proliferación celular y en la aparición de fenotipo tumoral invasivo (Garcia 1990) Los niveles de catepsina D se han correlacionado tanto con la supervivencia de enfermedad como con la supervivencia global y de hecho los niveles elevados de esta enzima son un factor biológico de mal pronóstico.

Regulado por genes supresores de Tumor Regulado por genes supresores de Tumor Regulado por genes supresores de Tumor

5.2 PROTEÍNA REGULADA POR ESTRÓGENOS PS2

La PS2 es una proteína de función desconocida, cuyo gen presenta un elemento de respuesta a los estrógenos. Se ha demostrado que la expresión de la proteína PS2 está inducida por los estrógenos, por lo cual también se conoce como "proteína regulada por estrógenos", y se expresa predominantemente en tumores de mama

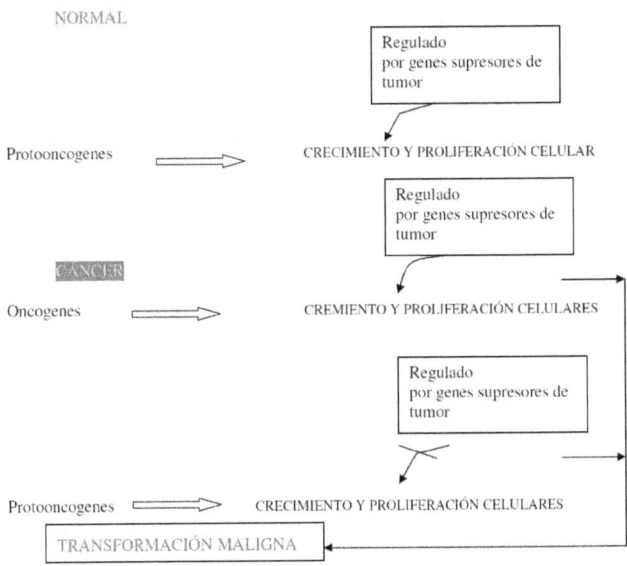

Está bien establecido que en las mujeres con un primer embarazo en edad temprana el riesgo de cáncer de mama disminuye, pero no hay consenso en cuanto a los embarazos ulteriores. Para algunos autores el nacimiento de dos o más hijos ejerce de por sí un efecto protector; otros argumentan que hay una relación inversa entre la edad del embarazo y el riesgo de cáncer de mama.

También está comprobado que en el período inmediato que sigue a cada embarazo y en los embarazos de mujeres con mayor edad en el último nacimiento, el riesgo de cáncer de mama aumenta, durante un período indeterminado aunque transitorio.

El embarazo puede ejercer influencias absolutamente opuestas en este sentido, por un lado un efecto negativo de acrecentar el crecimiento de células cancerosas ocultas y por otro un efecto protector mediado por la diferenciación de células que se hacen resistentes o menos sensibles a la transformación maligna.

5.3 FACTORES DE RIESGO ASOCIADOS

Entre los factores asociados a hormonas femeninas y una mayor una frecuencia de cáncer de mama se incluyen la precocidad en la madurez sexual (antes de los 12 años), la menopausia después de los 50 años, la nuliparidad y el primer embarazo a término logrado después de los 30 o 35 años. Por otro lado, si la primera menstruación ocurre después de los 12 años, la menopausia es antes de los 50 años, o el primer embarazo ocurre antes de los 10-20 años que sigue a la primera menstruación, el riesgo de cáncer de mama es menor.

Historia familiar: Los familiares en primer grado con cáncer de mama triplican las posibilidades de padecer el mismo cáncer, sobre todo si se ha diagnosticado en edad premenopáusica; la presencia de cáncer de mama en familiares de 2º grado también aumenta el riesgo.

Aproximadamente el 8% de todo los casos de cáncer de mama son hereditarios. La mitad de los casos se atribuyen a la mutación en dos genes de susceptibilidad de cáncer de mama: el BRCA1 y BRCA2. Se presenta con más frecuencia en mujeres premenopáusicas y de manera preferentemente bilateral.

Historia personal: Las enfermedades benignas de la mama como las lesiones proliferativas no atípicas, la hiperplasia atípica, el carcinoma de mama previo, ya sea infiltrante o in situ, y el carcinoma de endometrio son también factores de riesgo.

Las variaciones internacionales en el cáncer de mama parece que se correlacionan con variaciones en la dieta, especialmente el consumo de alcohol y grasas. Se está estudiando la posible asociación con: exposición química, radioterapia, consumo de alcohol, obesidad e inactividad física (Marzo M, 2007).

El riesgo de cáncer de mama está en relación con el estímulo estrogénico y un mayor número de ciclos ovulatorios, por tanto la menarquia precoz (antes de los 12 años), la menopausia tardía (después de los 55) y la nuliparidad o un menor número de embarazos aumentarían el riesgo de cáncer de mama (Kahlenborn C, 2006).

El uso de estrógenos o de combinaciones de estrógenos y progestágenos durante más de 5 años se considera factor de riesgo

HIPOTESIS

Los cambios sufridos por las mamas por efecto de los estrógenos como el crecimiento y desarrollo de las mismas puede provocar que ya a esta edad avanzada de la gestante existan aunque no se hayan detectado aún células malignas que al efecto de las hormonas y desarrollo mamario se vean favorecidas en su crecimiento y diseminación, como también que durante esa primera gestación se produzca proliferación celular en los primeros pasos de una transformación maligna y que se desarrollen mas extensamente en un segundo embarazo.

VARIABLES

Cada gestante tiene distintas respuestas a los efectos de los estrógenos, diferentes personas pueden verse afectadas de diferentes maneras a las mismas cantidades de estrógenos.

El control postparto, los siguientes partos y el control del seguimiento puede verse alterado debido a la implicación de cada gestante en el estudio. Otra variable que nos podamos encontrar es la elección de amamantar o no al bebé una vez nacido al que habrá que prestar consideración.

III.- METODOLOGIA

DISEÑO DE RECOLECCIÓN DE INFORMACIÓN

La recolección de información más objetiva se podría conseguir en los distintos centros de atención primaria repartidos por la geografía de la provincia gaditana en el control y seguimiento de la gestación por la matrona/matrón del centro de salud. Y posteriormente en los centros adscritos de control mamográficos existentes para los posteriores controles.
Otra fuente sería las propias mujeres con un perfeccionamiento y explicaciones previas de la autoexploración mamaria y de los signos de malignidad en la mama.

1.- Anamnesis de la embarazada

- Antecedentes fisiológicos
- Edad de menarquia
- Regularidad del ciclo menstrual
- Número de embarazos
- Edad del primer embarazo
- Historia contraceptiva
- Tipo de dieta
- Antecedentes patológicos: patología mamaria previa ya sea benigna o maligna
- Biopsias o citologías previas
- Historia clínica
- Exploración física completa
- Analítica: hemograma, bioquímica básica, perfil hepático, fosfatasas alcalinas.

Para valorar de manera adecuada los síntomas y signos en relación con la mama conviene tener en cuenta: edad, factores de riesgo, oscilaciones temporales, bilateralidad, exámenes previos, desencadenantes y otros síntomas.

1.1 Factores hormonales y endocrinos.

Es reseñable el hecho de que desde hace muchos años sabemos que el contexto hormonal de la feminidad favorece la formación del cáncer de mama. El mecanismo íntimo no se conoce a ciencia cierta, aunque el estimulo favorecedor de la proliferación y división celular que ejercen las hormonas femeninas sobre el tejido funcional mamario está involucrado; en concreto los estrógenos cuando se encuentran en situación o concentración descompensada sobre los progestágenos, producen un contexto favorable para la proliferación celular.

Todas las situaciones que suponen mayor exposición a picos de estrógenos, son factores de riesgo reconocidos:

•**Menarquia y menopausia**: mayor riesgo con la menarquia precoz y la menopausia tardía), Las mujeres que empezaron su menstruación (tuvieron su primer período menstrual) a una edad temprana (antes de los 12 años), que pasaron por la menopausia ya tarde (después de 55 años de edad) ya que al maximizarse el número de ciclos ovulatorios aumenta el afecto acumulativo de las dosis de estrógenos en el epitelio mamario.

•**Nuliparidad:** las situaciones de alteraciones de la paridad e infertilidad (mayor riesgo en las nulíparas)

•**Gestación >30 años:** La edad avanzada del primer hijo (mayor riesgo cuando el primer hijo ocurre por encima de los 30 años).

•**THS**: la terapia hormonal sustitutiva, las anticonceptivos (por las dosis de estrógenos, actuales que tienen menores dosis aportan mucho menor riesgo...), Las mujeres que reciben terapia hormonal para la menopausia (ya sea estrógeno solo o estrógeno más progesterona) durante 5 años o más después de la menopausia parecen tener también mayores probabilidades de desarrollar cáncer de seno. La explicación es la siguiente: los estrógenos y supuestamente la progesterona actúan de forma sinérgica e intervienen en el proceso de la división celular, dando lugar a una proliferación de las células epiteliales de la mama. Esta proliferación celular vuelve a las células mamarias más susceptibles a errores genéticos, puesto que aumentan el número de divisiones celulares y, con ello, aumenta el riesgo de que se produzcan errores genéticos durante la replicación del ADN, lo que puede llevar al desarrollo de un fenotipo maligno. (Workman L., 2003, 22-27)

•**Tumor ginecológico asociado:** tumores ováricos secretores son situaciones que elevan el riesgo....

En ese sentido la ooforectomía bilateral precoz practicada por algún motivo justificado, indirectamente protege del CM.

•**Aborto e IVE** (interrupción voluntaria del embarazo): Se ha investigado mucho para saber si el hecho de haber tenido un aborto o interrupción del embarazo afecta la probabilidad de la mujer de desarrollar cáncer de mama más tarde. Estudios de gran envergadura, bien diseñados, han mostrado consistentemente que no hay una relación entre el aborto o la interrupción del embarazo y el desarrollo de cáncer de seno.

•**Gestación**: El cáncer de mama asociado a la gestación se define como el cáncer de mama diagnosticado durante la gestación o en los 12 meses tras el parto. La incidencia del cáncer de mama asociado a la gestación está entre el 0,9 y el 3,9%

El pronóstico no es significativamente diferente del cáncer de mama no asociado a la gestación, excepto en los casos en que el retraso en el diagnóstico se asocia con estadios más avanzados. Cierta mención merece el haber tomado dietilestilbestrol (DES): El dietilestilbestrol es una forma sintética de estrógeno que se dio a algunas mujeres embarazadas en Estados Unidos entre 1940 y 1971 más o menos. (El DES ya no se da a mujeres embarazadas). Las mujeres que tomaron DES durante el embarazo tienen un riesgo ligeramente mayor de CM. No parece todavía que este sea el caso en cuanto a sus hijas que estuvieron expuestas al dietilestilbestrol antes de nacer.

•La obesidad: Antes de los 40 años, parece que la obesidad "protege" (entre otras razones porque las obesas tienen mayor cantidad de ciclos anovulatorios y contexto de predominio progesterónico"...). Sin embargo, después de la menopausia parece que el riesgo se duplica en las obesas, quizá porque en el tejido graso se siguen sintetizando mayor cantidad de estrógenos a partir de corticoides y hormonas masculinas que en las pacientes delgadas. También, algunos estudios muestran que, al subir de peso después de la menopausia, aumenta el riesgo de cáncer de mama.

•Inactividad física: Las mujeres que son inactivas físicamente en su vida diaria parecen tener un riesgo mayor de cáncer de mama. La actividad física puede ayudar a reducir el riesgo al prevenir el subir de peso y la obesidad.

1.2 Factores ambientales.

Es posible que una parte importante de las observaciones de diferencia de incidencia entre diversas regiones del mundo se explique por factores ambientales.

El cáncer de mama es más frecuente en pacientes de clase social alta, más frecuente en zonas urbanas que rurales y en cuanto a aspectos geográficos, algunos se involucran con el contexto del ritmo de vida del mundo occidental.

Las radiaciones ionizantes se acompañan con riesgo elevado a partir de 20-30 años después de la exposición. La exposición a determinados carcinógenos ambientales limitados en zonas geográficas como algunos pesticidas (especialmente los organoclorados) se comportan con efecto estrogénico (disruptores endocrinos).

Se ha discutido si las dietas ricas en grasas aumentan el riesgo de cáncer de mama pero no sabemos la causa última (¿en parte por lo que supone de carencia de vitaminas A, C y E?). Otros aspectos estudiados como la cafeína, el tabaco y otros diversos no se conoce a ciencia cierta si influyen...Al parecer, según recientes estudios, un consumo abusivo de alcohol (3-4 vasos por día) parece que aumenta las concentraciones plasmáticas de estrógenos, pudiendo conferir un pequeño aumento del riesgo de presentar este tipo de cáncer.

2. SIGNOS

2.1 Masa palpable o engrosamiento unilateral.

La posibilidad de que una masa palpable en la mama sea maligna está en relación con mayor edad, postmenopausia y con las siguientes características en el examen físico: consistencia firme, aspecto sólido, bordes irregulares, escaso desplazamiento sobre la piel, la región costal o los tejidos que le rodean, unilateral, no dolorosa y la presencia de adenopatías axilares. Sin embargo, aún en ausencia de estos factores un 10% pueden ser malignas, algunas veces una zona de engrosamiento que no llega a masa puede ser cáncer. La coexistencia de masa y adenopatía axilar palpable debe considerarse cáncer mientras no se demuestre lo contrario. El 90% de las masas suelen ser lesiones benignas. Las masas de superficie lisa y consistencia elástica están asociadas a fibroadenoma en mujeres entre 20-30 años y a quistes en las mujeres de 30 a 40. La exploración a realizar ante esta situación es una mamografía si hay antecedentes de cáncer de mama y una ecografía sobre todo si existe dolor (ICSI, 2005).

2.2 Secreción por el pezón.

Siempre se debe estudiar. Hay mayor riesgo de lesión maligna en el caso de que la secreción contenga restos hemáticos y esté asociado a masa. La citología del líquido expulsado sólo puede ser tenida en cuenta si es positiva. Está indicado realizar mamografía y galactografía en el caso de que el exudado se presente en un solo conducto. La presencia de secreción lechosa bilateral orienta a causa endocrinológica se ha de realizar el diagnóstico diferencial de galactorrea (ICSI, 2005).

2.3 Dolor.

Es uno de los motivos de consulta mas frecuente. En ausencia de masa otros síntomas de sospecha suele ser debida a tensión premenstrual, dolor condrocostal y a otras causas (ICSI, 2005). Está asociado con mayor frecuencia a cambios fibroquísticos en la mama premenopáusica.

2.4 Síntomas cutáneos.

La Enfermedad de Paget afecta al pezón y areola de forma unilateral, clínicamente muy similar a la dermatitis crónica eccematosa, se asocia a un carcinoma mamario intraductal subyacente. (Fitzpatrick TB, 2001)

2.5 La retracción del pezón o de la piel de presentación reciente se debe evaluar cuidadosamente.

Los fenómenos inflamatorios del tipo de eritema, induración, aumento de temperatura y dolor pueden ser indicativos de un tumor inflamatorio de mal pronóstico. En ocasiones un tumor evolucionado puede dar lugar a un cáncer ulcerado.

3. EXAMEN FISICO

Inspección paciente sentada. En cuatro posiciones: brazos en relajación; brazos hacia atrás;

hombros elevados para lograr contracción de pectorales y con la paciente inclinada hacia delante. Se valoran asimetrías, retracciones del pezón y alteraciones cutáneas. En la misma posición se realiza la palpación de las regiones supra e infraclaviculares y de axilas. Y palpación suave de la mama.

La palpación mamaria debe realizarse con la paciente en decúbito supino y con el brazo homolateral en extensión por encima de la cabeza. Haremos la palpación con las superficies palmares de los dedos, siguiendo un trayecto radial desde el pezón hasta la periferia y explorando todo el perímetro mamario en una trayectoria circular. Debe prestase especial atención a la cola axilar de la mama y al surco submamario. Finalmente realizaremos una tracción suave de ambos pezones.

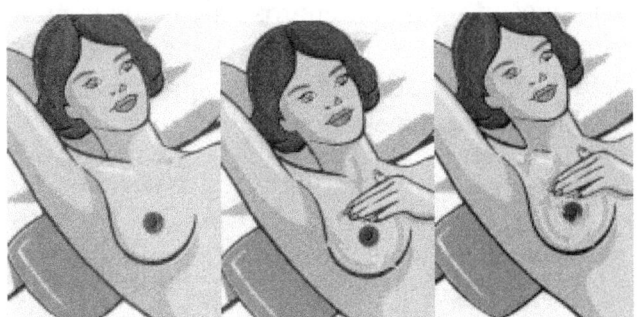

4. DIAGNOSTICO POR IMAGEN

4.1. Mamografías

La mamografía es una técnica de exploración diagnostica de imagen por rayos X de la glándula mamaria, mediante un aparato llamado mamógrafo.

Las mamografías se pueden usar para buscar el cáncer de seno en mujeres que no presentan signos o síntomas de la enfermedad. Este tipo de mamografía se llama mamografía selectiva de detección; es decir, se elige este procedimiento según las características y preferencias de la mujer para buscar el cáncer de seno cuando no hay síntomas.

Las mamografías pueden usarse también para buscar el cáncer de seno después de haberse encontrado un abultamiento u otro signo o síntoma de dicho cáncer. Este tipo de mamografía se llama mamografía de diagnóstico. Los signos del cáncer de seno pueden ser dolor, engrosamiento de la piel, secreción del pezón o un cambio en el tamaño o forma del seno; sin embargo, estos signos pueden ser también signos de estados benignos.

Indicaciones:

- Pacientes sintomáticas (mamografía de diagnóstico)

- Estudios lesiones palpables (mamografía de diagnóstico)

- Técnica de detección precoz (mamografía selectiva de detección)

4.2 Ecografías

La ecografía es una técnica que usa los ultrasonidos para la formación de una imagen de la parte del organismo a estudio. No utiliza rayos X.

Esta exploración lo que hace es complementar la información obtenida mediante la mamografía.

La mayoría de los exámenes ecográficos de la mama son realizados para responder a cuestiones específicas que pueden haber surgido después de la exploración de una particular área de la mama. Esta cuestión puede surgir tras el resultado de una mamografía que muestra una anormalidad o por un examen clínico de la mama.

Indicaciones:

- Análisis lesión detectada en mamografía
- Análisis lesión palpable
- Análisis lesión palpable no detectada en mamografía
- Sospecha de absceso mamario
- Guía en procedimientos de biopsia

4.3 Resonancia magnética

La RMN emplea un campo magnético potente, pulsadas de radiofrecuencia y una computadora para crear imágenes detalladas de los órganos, tejidos blandos, huesos, y prácticamente el resto de las estructuras internas del cuerpo. De esta forma, las imágenes pueden examinarse en el monitor de una computador, transmitirse electrónicamente imprimirse o copiarse a un CD. La RMN no utiliza radiaciones ionizantes (rayos X).

La RMN de mama proporciona información valiosa acerca de muchas patologías mamarias que no pueden obtenerse mediante otras modalidades de diagnóstico por imágenes, como la mamografía o el ultrasonido.

Indicaciones:

- Estudio cáncer primario oculto
- Evaluación tras quimioterapia
- Mejora del estudio de la mama tratada
- Screening en mujeres de alto riesgo

POBLACIÓN Y MUESTRA

La población que se sometería a estudio sería toda mujer embarazada primípara con edades comprendidas entre los 35 y 40 años.

Como muestra tomaremos a las mujeres de entre 35 y 40 años que acudan a los centros de salud de la Bahía de Cádiz que tengan interés en seguir control y seguimiento de su desarrollo mamario durante el embarazo y después de éste.

TÉCNICAS DE ANÁLISIS

Llevar control ecográfico del desarrollo mamario durante el embarazo y radiográfico una vez concluido éste y seguimiento durante los siguientes años mamográficos e interpretación por el radiólogo encargado.

GUÍA DE TRABAJO

Se realizará test cerrado donde se incluirán todos los datos de las gestantes expuestas a estudios y donde se irán anotando variaciones de las mamas y los niveles de estrógenos coincidentes con el período en el cual se van produciendo dichas variaciones. Más posteriormente cuando se produzca el parto y en los posteriores contactos y controles se realizaran preguntas abiertas sobre si ha notado cambios significativos en las glándulas mamarias y si esos cambios también coinciden con cambios en los niveles estrogénicos y/o desarrollo mamario y/o el amamantamiento o no y/o el cese de el amamantamiento con la vuelta al reposo de la glándula mamaria.

Todo irá acreditado con las ecografías mamarias y mamografías debidamente informadas por el radiólogo.

IV.- ASPECTOS ADMINISTRATIVOS

RECURSOS HUMANOS

Se realizará una encuesta previa a las mujeres embarazadas de la citada población con preguntas cerradas a fin de recopilar una anamnesis con interés oncológico y otros datos de interés. Se unirán las matronas o matronos que existan en los distintos centros de salud que como norma es uno por centro de salud si tomamos la muestra de la Bahía de Cádiz incluiremos Cádiz (7 centros de salud C.S. El Olivillo, C.S. Cervantes-Mentidero, C.S. Puerta Tierra, C.S. La Merced, C.S. La Laguna-Cortadura, C.S. Loreto-Puntales, C.S. La Paz), Chiclana (2 centros de salud C.S. Padre

Salado, C.S. Jesús Nazareno), Puerto Real (1 centro de salud), San Fernando (3 centros de salud C.S. Dr. Joaquín Pece, C.S Hermanos Lahule, C.S. Rodríguez Arias), El Puerto de Santa María (3 centros de salud C.S. Federico Rubio, C.S. Casa del mar, C.S. Puerto Sur, C.S. Pinillo Chico) son un total de 16 especialistas en los centros de salud, dentro de los 4 centros que realizan control mamográfico los 4 doctores/as de radiodiagnóstico encargado/a de informar las mamografías y que se encargarán de alertar las primeras señales de cáncer de mama, tendremos a 5 auxiliares encargados de las 5 zonas para recoger todos los informes y encuestas de los centros cada mes que también se encarga de informar a los distintos profesionales una vez hayan estudiado y entendido el proceso de investigación.

CRONOGRAMA

El inicio del programa de recogida y selección de mujeres será el primer mes del año 2011 y finalizará el último mes del mismo año, se analizará cada mes las candidatas al estudio y se tendrán controladas para las siguientes consultas.

El grupo de mujeres seleccionada durante el año seguirán un control durante los siguientes 8 años cada mes se recogerán y analizarán los datos obtenidos y cada año se realizará un análisis conjunto de todos los meses.

Al cabo de los 8 años tendremos datos suficientes para conocer si existen alteraciones o inicios oncológicos y si existiese segundo embarazo existe un amplio plazo para que se puedan seguir recogiendo datos de las mujeres tras el segundo embarazo.

BIBLIOGRAFIA

Tema: Formas especiales del cáncer de mama. Dr. Javier Martínez-Guisasola Campa Profesor de la Universidad de Burgos

Boletín Oncológico número 14 Mujer de riesgo para el cáncer de mama: prevención y manejo. Dr. Alfonso Yubero Esteban. Unidad de Oncología Médica. Hospital General "Obispo Polanco". TERUEL

Guías clínicas 2007 (26/09/2007) Dra. Cristina Viana Zulaica Especialista en medicina de familia y comunitaria. SAP Elviña – Mesoiro Servicio Gallego de Salud. A Coruña.

Guías clínicas 2007 (26/09/2007) Dra. Cristina Viana Zulaica Especialista en medicina de familia y comunitaria. SAP Elviña – Mesoiro Servicio Gallego de Salud. A Coruña.

Santomé L, Baselga J. Actualización en cáncer de mama. Aspectos clínicos y terapéuticos. FMC 2001: 8;597-605

Apantaku LM. Breast cancer diagnosis and screening. [Internet]. American Family Physician; 2000 [acceso 28/6/2007].

Endocrinología de la gestación. Salvat editores, S.A
El cáncer de mama. Forumclínic |Fundación BBVA · Hospital Clínic de Barcelona

GUÍA INTERACTIVA PARA PACIENTES CON ENFERMEDADES DE LARGA DURACIÓN Autores: M. Muñoz, P. Fernández, B. Farrús, M. Velasco, J. Fontdevila,

G. Zanón, S. Vidal, J. Oriola, M. Gironès, M. J. Sánchez, X. Caparrós, J. Güell, P. Gascón. Hospital Clínic de Barcelona

Mastología 2ª edición. A. Fernández – Cid y M. Fernández – Cid.c Departamento de obstetricia y ginecología. Instituto Universitario Dexeus. Masson.

Detección precoz del cáncer de mama. Factores asociados a la participación de un programa de screening. Ediciones Diaz de Santos.

Cáncer de mama. Dr. Oscar Fernández Hidalgo Especialista en Oncología Consultor. Departamento de Oncología. Servicio de Oncología Médica
CLINICA UNIVERSIDAD DE NAVARRA

Martín Jiménez, M. Cáncer de mama, Arán Ediciones.

ALCARAZ, M. et al. Estudio de la no participación en el programa de prevención de cáncer de mama en la ciudad de Valencia. Gac Sanit [online]. 2002, vol.16, n.3

a b c Figueroa G, Luis; Bargallo R, Enrique; Castorena R, Gerardo y Valanci A, Sofía.
Cáncer de mama familiar, BRCA1 positivo. Rev Chil Cir [online]. 2009, vol.61, n.6

COPPOLA, Francisco, NADER, José y AGUIRRE, Rafael. Metabolismo de los estrógenos endógenos y cáncer de mama. Rev. Méd. Urug. [online]. mar. 2005, vol.21, no.1

Centros para el Control y la Prevención de Enfermedades Cáncer de mama: Factores de riesgo.

Tejerina, Florencio (1992). Cirugía del cáncer de mama. Ediciones Díaz de Santos.

[MedlinePlus] (diciembre de 2009). «Fibroadenoma de mama». Enciclopedia médica en español.

[MedlinePlus] (agosto de 2009). «Tumor mamario». Enciclopedia médica en español.

Greaves, Mel (2004). Cancer el legado evolutivo. Editorial Critica

Diagnostico por imagen en patología mamaria, H.U. Marques de Valdecilla. Universida de Cantabria.

Instituto nacional del cancer de EE.UU. www.cancer.gov

Ecografia mamaria, Clinica Universida de Navarra. www.es/areadesalud

Radiological Society of North America & American College of Radilogy. Radiologyinfo.org

www.ingramcontent.com/pod-product-compliance
Lightning Source LLC
Chambersburg PA
CBHW072250170526
45158CB00003BA/1046